# 150 Problemas de matemáticas para 4º de Primaria

TOMO II

Proyecto Aristóteles

ISBN: 1495376338
ISBN-13: 978-1495376337

A Ana.

# CONTENIDOS

# PARA COMENZAR

El blasón del Proyecto Aristóteles es el proverbio *usus, magíster egregius* (la práctica es el mejor maestro). El dominio de cualquier disciplina, incluidas las matemáticas, sólo puede adquirirse a través del ejercicio variado y constante. Éste es el motivo por el cual presentamos nuestra serie especial de problemas para Cuarto de Primaria. Los problemas constituyen un tipo de actividad que presenta sus dificultades específicas. Para superarlas no basta con dominar con soltura las reglas básicas de la aritmética sino que se precisa una capacidad de planificación estratégica de los cálculos y operaciones que llevan a la consecución del resultado.

1. Si un trozo de tubería mide 21 metros, ¿cuántos centímetros mide?, ¿cuántos milímetros?

2. Un cojín mide 4 decímetros, ¿cuántos centímetros mide?, ¿cuántos milímetros?

3. Ordena de menor a mayor: 501 centímetros, 5 metros, 5 decímetros, 50 milímetros.

4. ¿Cuántos metros y decímetros son 250 centímetros?

**5.** **En media docena de huevos hay dos que se encuentran en mal estado. Representa con una fracción los huevos que están en mal estado respecto del total de los huevos.**

**6.** **En todas las bolsas de naranjas un tercio tienen etiqueta. Si cada bolsa tiene 18 naranjas, ¿cuántas naranjas de cada bolsa tendrán etiqueta?**

**7.** **Si gano 900 euros y pago una novena parte en impuestos, ¿cuánto dinero pago en impuestos?**

**8.** **Si un chorizo pesa 750 gramos y se trocea en lonchas de 25 gramos, ¿cuántas lonchas obtendremos? Si Darío se come 10 lonchas, ¿cuánto pesarán las lonchas que se ha comido?**

**9.** **En un edificio hay 2 ventanas por piso y hay 12 pisos en total. Si un cuarto de las ventanas están rotas, ¿cuántas ventanas están rotas en el edificio?**

**10.** En cada bolsa hay 8 patatas y un cuarto de ellas tienen raíces. ¿Cuántas patatas en cada bolsa no tienen raíces?

**11.** En una jaula hay 60 pájaros. Si dos tercios de los pájaros son periquitos y un tercio son jilgueros, ¿cuántos pájaros hay de cada especie?

**12.** Un salchichón pesa 630 gramos. Si se divide en 10 partes iguales y Rosa se come dos, ¿cuánto pesarán las partes que no se ha comido Rosa?

**13.** En un zoológico se compran 450 toneladas de comida al día y una décima parte de esa comida se destina a los elefantes. ¿Cuántas toneladas de comida se destinan al resto de los animales?

**14.** En un avión hay 840 hombres. La mitad de ellos son calvos y un cuarto son pelirrojos. ¿Cuántos hombres hay en el avión que no son ni calvos ni pelirrojos?

**15.** Eduardo tiene 68 pipas, Adrián tiene 43 y Cristina tiene 27. Si juntan todas las pipas y Adrián se come la mitad, ¿cuántas pipas se han comido entre Eduardo y Cristina?

**16.** Víctor tiene que completar una colección de 360 cromos. Si le falta una sexta parte para completarla, ¿cuántos cromos tiene?

**17.** Un depósito de agua tiene una capacidad de 370 litros. Si sólo está lleno en dos décimas partes, ¿cuántos litros hay en el depósito?

**18.** Un queso de 505 gramos se divide en 5 partes iguales. ¿Cuánto pesará cada porción? Si Elisa se come tres porciones, ¿cuánto pesarán las porciones que Elisa no se ha comido?

**19.** Un yogurt pesa 56 gramos. Si con cada cucharada cojo una octava parte del yogurt, ¿cuántos gramos de yogurt quedarán cuando me haya comido tres cucharadas?

**20.** Si Héctor mide 1,67 metros y su hermano Lorenzo mide 3 décimas más, ¿cuánto mide Lorenzo?

**21.** Si Carla pesa 67,45 kilos y ha engordado 30 centésimas, ¿cuánto pesa ahora Carla?

**22.** Elena mide 5 décimas menos que su hermana Luisa. Si Luisa mide 1,87 metros, ¿cuánto mide Elena?

**23.** Si el coche de Lola pierde 1,45 litros de agua cada día y el coche de Sandra pierde 34 centésimas menos, ¿cuántos litros de agua pierde el coche de Sandra?

**24.** Si el garaje de Ismael está a 4,56 kilómetros de mi casa y el garaje de Ángel está 12 centésimas más cerca, ¿a qué distancia de mi casa está el garaje de Ángel?

**25.** **Hemos medido un trozo de cartulina y mide 3,81 metros. Si queremos que sea 4 décimas más corto, ¿cuánto medirá el trozo una vez lo recortemos?**

**26.** **Una botella de leche tiene una capacidad de 1,65 litros. Si cada vaso que llenamos tiene una capacidad de 20 centésimas, ¿cuántos litros quedarán en la botella cuando hayamos llenado tres vasos?**

**27.** **El lunes hizo una temperatura de 34,57 grados. El martes subió 4 décimas y el miércoles bajó 35 centésimas respecto del martes. ¿Qué temperatura hizo el martes y el miércoles?**

**28.** **Un listón de madera mide 7,89 metros. Si esta mañana recortamos 6 décimas y esta tarde 10 centésimas, ¿cuánto mide ahora el listón?**

**29.** Javier es capaz de levantar 25,74 kilos. Su hermano Alfonso levanta 7 décimas menos y su primo Rafael levanta 20 centésimas más que Alfonso. ¿Cuántos kilos levanta Alfonso?, ¿y Rafael?

**30.** Una columna mide 5,68 metros. Después de un terremoto mide 4 décimas menos pero después de repararla mide 50 centésimas más que después del terremoto. ¿Cuánto mide ahora la columna?

**31.** Una barra gigante de regaliz mide 1,54 metros. Concha se come 43 centésimas. ¿Cuánto mide ahora la barra de regaliz?

**32.** Un tablón de madera mide 7,36 metros. Lo hemos recortado en 20 centésimas pero luego hemos unido un fragmento de 48. ¿Cuánto mide ahora el tablón de madera?

**33**. Si Jaime pesa 84,29 kilos, Carlos pesa 4 décimas más y Andrés pesa 41 centésimas más que Jaime, ¿quién pesa más de los tres?

**34**. Una barra de hierro mide 4,73 metros. En el verano de 2012 se dilató dos décimas y en el verano de 2013 se dilató 25 centésimas. ¿En qué año medía más la barra de hierro?

**35**. Una tinaja de vino tiene 329,98 litros de capacidad. Hemos llenado una copa de 3 décimas y un vaso de 45 centésimas de capacidad. ¿Cuántos litros de vino quedan en la tinaja?

**36**. Si Benito medía 1,56 metros y en enero crece 2 décimas y en febrero 17 centésimas, ¿cuánto mide ahora?

**37. Un cubo de agua contiene 8,73 litros. Cada hora se evaporan dos décimas, ¿cuánta agua quedará en el cubo al cabo de 3 horas?**

**38. Si Fabiola tiene 5 billetes de 50 euros, 6 de 20 y 9 monedas de 2 euros, ¿cuánto dinero tiene?**

**39. Si Federico tiene 18 billetes de 100, 3 billetes de 20 y uno de 10, ¿cuánto dinero tiene?**

**40. Si Blanca tiene 3 billetes de 500 euros, 6 billetes de 20 y 7 billetes de 5 euros, ¿cuánto dinero tiene?**

**41. Si Julio tiene 6 billetes de 100 euros, 8 de 20, 6 de 10 y 3 de 50, ¿cuánto dinero tiene?**

**41. Si Tomás tiene 80 billetes de 5 euros, 3 monedas de 2 euros y 55 monedas de un euro, ¿cuánto dinero tiene?**

**42.** **Si Mireia tiene 43 billetes de 10 euros, 7 monedas de 2 euros, 6 monedas de un euro y 7 billetes de 20 euros, ¿cuánto dinero tiene Mireia?**

**43.** **Si Rodrigo tiene 3 billetes de 200 euros, 4 billetes de 500 euros, 45 monedas de 2 euros y 6 billetes de 5 euros, ¿cuánto dinero tiene?**

**44.** **Si una silla vale 45 euros y he pagado con 5 billetes, ¿qué valor tenía cada uno de ellos?**

**45.** **Si un horno vale 245 euros y he pagado con 5 billetes, ¿qué valor tenía cada uno de ellos?**

**46.** **En el monedero tengo 78 euros y llevo cuatro billetes y cuatro monedas. ¿Qué valor tiene cada una de las monedas y billetes que tengo en el monedero?**

**47.** He cobrado 845 euros en 11 billetes. ¿Qué valor tenía cada billete?

**48.** Tengo que pagar un pedido de 693 euros. Dime qué billetes y monedas puedo utilizar.

**49.** Nacho tiene que pagar un cuadro de 729 euros. ¿Qué billetes y monedas puede utilizar?

**50.** Si Ana tiene 67 euros y 12 céntimos y Laura tiene 102 euros y 58 céntimos, ¿cuántos euros y cuántos céntimos tienen entre las dos?

**51.** Si Fernando tiene 457 euros y 19 céntimos y su hermano Carmelo tiene 568 euros y 73 céntimos, ¿cuántos euros y cuántos céntimos tienen entre los dos?

**52.** Si he pagado un abrigo con 70 euros y 50 céntimos y me han devuelto 3 euros y 40 céntimos, ¿cuánto ha costado el abrigo?

**53.** Si una lámina de plástico tiene una longitud de 85,45 metros y hemos recortado 3,27 metros, ¿cuánto mide ahora la lámina de plástico?

**54.** Si Leticia mide 1,51 metros y se pone unas zapatillas que le hacen ser 28 centésimas más alta, ¿cuánto mide ahora Leticia?

**55.** Hemos puesto en fila tres trozos de cartón. El primero mide 3,25 metros, el segundo mide 4,34 metros y el tercero mide 8,16 metros. ¿Cuánto medirán en total?

**56.** Estos son los gastos de Emilio y Puri en tres días. Dime quién se ha gastado menos:

Emilio:

Lunes 23 euros y 39 céntimos. Martes 45 euros y 12 céntimos. Miércoles 89 euros y 29 céntimos.

Puri:

Lunes 46 euros y 18 céntimos. Martes 83 euros y 16 céntimos. Miércoles 38 euros y 25 céntimos.

**57.** Si un poste tiene 3,45 metros de altura, ¿cuántos centímetros mide?, ¿cuántos decímetros?

**58.** Un atleta recorre 11 kilómetros cada hora. ¿Cuántas horas tardará en recorrer 55 kilómetros?

**59.** Ordena de mayor a menor: 5 metros, 51 decímetros, 501 centímetros.

**60.** ¿Cuántos decímetros y centímetros son 451 milímetros?

**61.** Ordena de mayor a menor: 3 metros, 31 decímetros, 30 centímetros, 301 milímetros.

**62.** Una horquilla mide 8 centímetros, ¿cuántos milímetros mide?

**63.** Un lápiz mide 25 centímetros, ¿cuántos milímetros mide

**64.** Un vaso mide 12 centímetros, ¿cuántos milímetros mide?

**65.** Un televisor mide 3 decímetros de alto, ¿cuántos centímetros mide de alto?, ¿cuántos milímetros?

**66.** Una pared mide 4 metros. ¿Cuántos decímetros mide?, ¿cuántos centímetros?

**67.** Si un trozo de acera mide 798 centímetros y se amplia 4 metros, ¿cuántos centímetros medirá ahora el trozo de acera?

**68.** Si un cable tiene una longitud de 8.903 milímetros y se recorta un fragmento de 46 centímetros, ¿cuántos milímetros medirá ahora el cable?

**69.** Un árbol mide 567 centímetros. Si se tala 5 decímetros, ¿cuántos milímetros medirá ahora el árbol?

**70.** Si un montón de harina tiene una altura de 230 centímetros y echamos más harina para que crezca 4.500 centímetros, ¿cuántos centímetros de altura tiene ahora el montón?

**71.** Una pila de ladrillos tiene una altura de 45 centímetros. Si ponemos un ladrillo más crece 5 centímetros. ¿Cuántos centímetros medirá la pila si ponemos 6 ladrillos más?

**72.** Si un tubo metálico tiene una longitud de 345 centímetros y lo recortamos 3 decímetros, ¿qué longitud tiene ahora?

**73.** Si un coche tiene que recorrer 4 kilómetros y sólo ha recorrido la mitad, ¿cuántos metros le faltan?

**74.** Un atleta tiene que completar un recorrido de 9 kilómetros. Sólo ha recorrido dos tercios. ¿Cuántos metros le faltan por recorrer?

**75.** Un terreno de 25 kilómetros, ¿cuántos decámetros tiene?, ¿cuántos metros?

**76.** Si entre dos casas hay una distancia de 4 hectómetros, ¿cuántos metros separan las dos casas?

**77.** Una moto tiene que recorrer 450 kilómetros pero sólo ha recorrido dos quintas partes de ese tramo. ¿Cuántos decámetros le faltan?

**78.** Hemos unido dos tramos de línea de teléfono uno de ellos medía 2 kilómetros y el otro medía el triple. ¿Cuántos decámetros de longitud tiene la unión de los dos tramos?

**79.** Si un pueblo tiene una extensión de 4 kilómetros, ¿cuántos decámetros tiene de extensión?, ¿cuántos metros?

**80.** Un barco tiene que realizar un trayecto de 678 kilómetros en un día. Si por la mañana ha recorrido la mitad, ¿cuántos hectómetros debe recorrer por la tarde?

**81.** Un árbol tiene una altura de 3 metros y 67 centímetros. ¿Cuántos centímetros mide el árbol?

**82.** Un edificio tiene una altura de 5 decámetros y 65 metros. ¿Cuántos metros mide el edificio?

**83.** Mario tiene una altura de 1 metro, 7 decímetros y 5 centímetros. ¿Cuántos milímetros mide Mario?

**84.** Si un ciclista ha recorrido 2 kilómetros, 3 hectómetros y 5 decámetros, ¿cuántos metros ha recorrido?

**85.** Si una piscina mide 56 decímetros de longitud y la ampliamos en 3 metros, ¿cuántos decímetros mide ahora la piscina?

**86.** Un helicóptero ha realizado un recorrido de 84 hectómetros y 5 decámetros. ¿Cuántos metros ha recorrido?

**87.** Si la Tierra se mueve 23 kilómetros cada segundo, ¿cuántos decámetros recorre cada segundo?, ¿cuántos hectómetros?

**88.** Si unimos tres trozos de arcilla de 1 metro, 4 decímetros y 54 centímetros, ¿cuántos milímetros mide el trozo resultante?

**89.** Hemos realizado un recorrido en tres tramos. En primer lugar, recorrimos un kilómetro. Después 20 decámetros y, por último, 45 hectómetros. ¿Cuántos decámetros hemos recorrido?

**90.** Si tenemos una cinta de 5 decímetros y recortamos, primero, 2 decímetros y, después, 30 centímetros, ¿cuántos centímetros medirá ahora la cinta?

**91.** Si un municipio tiene una extensión de 45 kilómetros y crece 567 hectómetros, ¿cuántos hectómetros medirá ahora el municipio?

**92.** Un repartidor debía repartir 6.205 botellas de refresco en 56 bares y dejar la misma cantidad de botellas en cada uno. Si tiene permiso para beberse aquellas botellas que sobran, ¿cuántas ha podido beberse?

**93.** En una oficina de correos hay 285 postales y 810 cartas pendientes de repartir. Si el lunes se repartieron $\frac{4}{5}$ de las postales y $\frac{6}{10}$ de las cartas, ¿cuántas cartas y postales quedan pendientes para repartir el martes?

**94.** Un instalador debe colocar postes eléctricos a lo largo de un camino de 73.884 metros. Si cada uno de los postes debe estar a una distancia de 12 metros del siguiente, ¿cuántos postes podrá colocar a lo largo del camino?

**95.** En un hotel se han alojado 6.286 huéspedes durante el último año. Si $\frac{4}{7}$ de los huéspedes no desayunaron en el hotel, ¿cuántos lo hicieron en total en el último año?

**96.** Una máquina debe cortar 57.201 metros de tela para almacenarla en rollos de 8 metros de longitud. ¿Cuántos rollos de tela se almacenarán? ¿Sobrará tela?

**97.** Un jardinero debe regar 4.590 flores y 8.274 arbustos. Si por la mañana ha regado $\frac{5}{6}$ de las flores y $\frac{2}{7}$ de los arbustos, ¿cuántas flores le quedan por regar por la tarde?

**98.** En un parque se han instalado 34 macetas en cada parte del jardín. Si el jardín tiene 85 partes y cada maceta contiene 3 kilos de tierra, ¿cuántos kilos de tierra se han empleado en total en el parque?

**99.** Un leñador ha cortado 2.940 troncos en el último año. Si cada tronco tiene 8 metros de longitud y $\frac{3}{4}$ de cada tronco tienen termitas. ¿Cuántos metros de madera sin termitas ha obtenido el leñador con los troncos que cortó en el último año?

**100.** Un instalador de aparatos de aire acondicionado ha visitado 758 casas en el último año. Si en cada instalación ha empleado 18 tornillos, ¿cuántos tornillos ha empleado en total el instalador durante el último año?

**101**. Un tren tiene 13 vagones y en cada uno de ellos viajan 91 personas. Si $\frac{6}{7}$ de los viajeros van sentados, ¿cuántos viajeros van de pie?

**102**. En una tienda de jabones se han vendido 302 jabones de aloe y 258 jabones de glicerina. Si cada jabón de aloe cuesta 5 euros y cada jabón de glicerina cuesta 6 euros, ¿cuántos euros se han ganado en total con la venta de los jabones?

**103**. Un restaurante ha celebrado 89 banquetes de boda en el último año. Si a cada banquete asistieron 342 personas y $\frac{1}{9}$ de los comensales prefirieron un menú vegetariano, ¿cuántos menús vegetarianos se sirvieron en las bodas celebradas en el último año?

**104**. En una fábrica de ropa se han fabricado durante el último mes 792 chaquetas, 305 americanas y 891 pantalones. Si en cada chaqueta se han cosido 6 botones, en las americanas 4 y en los pantalones 1, ¿cuántos botones se han utilizado en la fábrica este último mes?

**105**. En un taller mecánico se han reparado 760 vehículos este último mes. Si $\frac{4}{5}$ de las reparaciones correspondían a coches y el resto a motocicletas, ¿cuántas motocicletas se han reparado en el taller este mes?

**106**. En un restaurante se han hecho 23 tortillas de patata al día durante los últimos 76 días. Si cada tortilla lleva 4 huevos y cada huevo cuesta 20 céntimos, ¿cuántos euros se han empleado en los últimos 76 días para pagar los huevos con los que se han hecho las tortillas?

**107**. Tras una revisión, se ha determinado que $\frac{2}{9}$ de los extintores presentes en un edificio debían cambiarse. Si en ese edificio hay 9 plantas y en cada planta hay 6 extintores, ¿cuántos extintores no necesitan ser cambiados?

**108**. En un concierto hay 688 asistentes. $\frac{2}{8}$ de los asistentes han comprado la entrada por internet y $\frac{3}{8}$ la han comprado en la puerta. Si el resto de los asistentes eran invitados, ¿cuántos invitados asistieron al concierto?

**109**. Un instalador de una compañía telefónica ha visitado 352 domicilios en el último mes. Si en la mitad de las instalaciones ha usado 43 metros de cable y en la otra mitad ha usado 58, ¿cuánto cable ha usado en total este mes el instalador?

**110**. Los letreros de los comercios de un barrio tienen una longitud de 700 decímetros. Si en cada calle hay 6 comercios y el barrio tiene 8 calles, ¿cuántos metros en total miden los carteles del barrio?

**111**. En un restaurante se han servido 58 raciones de albóndigas cada día durante los últimos 49 días. Si cada ración contenía 6 albóndigas, ¿cuántas albóndigas en total se han servido en el restaurante durante los últimos 49 días?

**112**. Un repartidor de pizzas reparte 32 pizzas cada día de lunes a viernes y 45 pizzas cada día los sábados y los domingos. Si los días en que hay partido de fútbol reparte el doble de pizzas de lo habitual y esta semana se ha retransmitido un partido el miércoles y otro el domingo, ¿cuántas pizzas ha repartido esta semana?

**113**. Un electricista ha tenido que reparar $\frac{4}{5}$ de los enchufes de un edificio. Si ese edificio tiene 8 pisos, en cada piso hay 6 viviendas y en cada casa hay 10 enchufes, ¿cuántos enchufes ha reparado el electricista en total?

**114**. En un almacén hay 54 cajas y cada una de ellas contiene 886 chinchetas. Si la mitad de las cajas provienen de Bulgaria y $\frac{1}{2}$ provienen de Rumanía, ¿cuántas de las chinchetas almacenadas no provienen ni de Bulgaria ni de Rumanía?

**115**. Una oruga mide 5 centímetros. Si 500 orugas se ponen en fila, ¿cuántos metros de longitud tendrá la fila de orugas?, ¿cuántos decímetros?

**116**. Un águila pescadora ha recorrido 6.386 metros este mes en busca de peces. Si cada día ha recorrido la misma cantidad de metros y este mes ha tenido 31 días, ¿cuántos metros ha recorrido cada día el águila?

**117**. Han asistido 480 aficionados a un partido de fútbol. Si $\frac{1}{3}$ de ellos son abonados, $\frac{2}{6}$ han comprado la entrada por internet y el resto la han comprado en taquilla, ¿cuántos aficionados han comprado la entrada en taquilla?

**118**. Una tienda contiene 666 lámparas. Debido a un terremoto, los $\frac{5}{9}$ de las lámparas han sido destruidas. ¿Cuántas lámparas permanecen intactas en la tienda?

**119**. En una heladería hay 756 helados en el escaparate. Si a lo largo de la tarde se han derretido $\frac{1}{9}$ de los helados, ¿cuántos helados quedan sin derretirse?

**120**. Una tienda ha vendido 5.488 artículos en total en el último año. Si $\frac{3}{8}$ de los artículos estaban rebajados, ¿cuántos artículos rebajados se vendieron?

**121**. En una tienda de informática se han reparado 329 ordenadores en el último mes. Si $\frac{2}{7}$ de los ordenadores se estropearon por un virus y $\frac{1}{7}$ por una caída, ¿cuántas reparaciones se hicieron de ordenadores que no tenían un virus ni se cayeron?

**122.** En un hormiguero hay 585 hormigas. Si $\frac{3}{9}$ de las hormigas son guerreras y $\frac{5}{9}$ son obreras, ¿cuántas hormigas no son ni guerreras ni obreras?

**123.** Un camello ha transportado 578 viajeros cada mes en los últimos 7 meses. Si durante los próximos 8 meses transportará a la mitad de pasajeros, ¿cuántos viajeros habrá transportado en total en los próximos 8 meses?

**124.** En un jardín hay 305 arbustos. Si $\frac{2}{5}$ de ellos tienen flores y $\frac{1}{5}$ tienen flores y fruto, ¿cuántos arbustos no tienen ni flores ni fruto?

**125**. Un peluquero ha afeitado a 856 señores. Si $\frac{4}{8}$ de esos señores querían hacerse patillas y $\frac{1}{8}$ querían recortarse el bigote, ¿cuántos señores que han sido afeitados por el peluquero no querían hacerse patillas ni recortarse el bigote?

**126**. Un agricultor ha plantado 522 tomates. Después de una tormenta, los $\frac{3}{9}$ de la cosecha se han destruido. Si después de la tormenta el agricultor ha sembrado 32 tomates, ¿cuántos tomates tiene el agricultor?

**127**. En un restaurante se han servido 494 croquetas durante el mes de enero y 576 durante el mes de febrero. Si $\frac{2}{5}$ de las croquetas eran de pollo y el resto de cocido, ¿cuántas eran de cocido?

**128.** Un helicóptero de rescate ha realizado 546 viajes. Si $\frac{1}{7}$ de los rescates se han producido por avalanchas de nieve y el resto por accidentes, ¿cuántos rescates ha realizado el helicóptero por accidentes?

**129.** Por una alcantarilla han caído 4.280 litros de agua el último fin de semana. Si $\frac{3}{5}$ de esos litros han ido a parar a una depuradora y la mitad de los litros restantes ha sido depositado en el mar, ¿cuántos litros de agua han ido a parar al mar?

**130.** Una furgoneta de reparto gasta 45 litros de gasolina cada día. Si cada litro cuesta 1 euro y 34 céntimos, ¿cuántos céntimos costará llenar el depósito para el trabajo de 15 días?

**131.** Si una bañera tiene una capacidad de 72 litros, ¿cuántas botellas de medio litro necesitaremos para llenarla?, ¿cuántas botellas de un cuarto de litro?

**132.** En un restaurante se han comprado 27 botellas de vino tinto de un litro de capacidad y 61 botellas de vino blanco de la misma capacidad. Si queremos repartir todo el vino en jarras de un cuarto de litro, ¿cuántas jarras podremos llenar?

**133.** Una presa deja pasar 6.930 litros de agua cada día a un embalse. Si $\frac{1}{10}$ del agua que pasa al embalse se evapora, ¿cuántos litros de agua pasan al embalse al cabo de 10 días?

**134.** Una motocicleta gasta 260 decilitros de gasolina en cada viaje. Si al cabo de un día hace 45 viajes, ¿cuántos litros de gasolina gasta al cabo del día?

**135**. Una tubería rota filtra 680 centilitros de agua cada día. Al cabo de 10 días, ¿cuántos litros de agua se filtran por la tubería?

**136**. Un depósito de gasoil para un generador consume 480 centilitros cada día. Al cabo de 10 días de funcionamiento, ¿cuántos litros ha consumido?, ¿cuántos decilitros?

**137**. Una charca contiene 821 litros de agua. Si hemos empleado 900 decilitros de la charca para regar el jardín y 800 centilitros en llenar un cubo de agua, ¿cuántos litros de agua tiene ahora la charca?

**138**. Un laboratorio ha realizado 689 análisis cada día durante los últimos 5 días. Si para los próximos 7 días se espera que se hagan la mitad de análisis diarios, ¿Cuántos análisis se habrán hecho dentro de siete días?

**139**. En una granja hay 89 vacas. Si cada vaca da 10 litros de leche al día, ¿cuántos litros de leche darán todas las vacas de la granja en los próximos 32 días?

**140**. Un jardinero tiene que regar 79 macetas de flores. Si cada regadera tiene una capacidad de 300 centilitros, ¿cuántos litros empleará el jardinero en regar todas las macetas?

**141**. Un lavavajillas consume 62 litros de agua en cada lavado. Si una familia pone el lavavajillas tres veces al día, ¿cuántos litros de agua habrá consumido el lavavajillas de esa familia al cabo de 6 días?

**142**. Para fregar un hotel se han empleado 79 cubos de agua. Si cada cubo tiene una capacidad de 750 decilitros, ¿cuántos litros se han empleado en fregar todo el hotel?

**143.** Un camión transporta 3.300 latas de refresco y cada una tiene 33 centilitros de capacidad. ¿Cuántos litros de refresco transporta en total el camión?

**144.** Un autobús ha hecho 462 viajes en el último año. Si la capacidad del tanque de gasolina de ese autobús es de 381 litros y en cada viaje ha gastado el depósito entero después de llenarlo a $\frac{2}{3}$ de su capacidad, ¿cuántos litros de gasolina ha gastado el autobús en los viajes del último año?

**145.** Para hacer una receta necesitamos 500 gramos de harina, 500 gramos de pan rallado y 3.000 gramos de azúcar. ¿Cuántos kilos de ingredientes hay que emplear para cocinar esa receta?

**146.** Un elefante africano pesa 4 toneladas y un elefante asiático pesa 5 toneladas, ¿cuántos kilos pesan entre los dos?

**147.** Una tinaja contiene 52 litros de vino. Si quisiéramos verter su contenido en botellas de un cuarto de litro, ¿cuántas necesitamos?, ¿cuántas botellas de medio litro?

**148.** Si la Edad Media duró 10 siglos y la Edad Moderna duró 4 siglos, ¿cuántos años en total duraron la Edad Media y la Edad Moderna?

**149.** Hace 5 décadas y 2 años nació Cornelia, ¿cuántos años tiene?

**150.** Si la mayor sequía en España se produjo hace un siglo, 3 décadas y 4 años, ¿cuántos años hace desde que se produjo la mayor sequía?

# EPÍLOGO

¡Buen trabajo!

Acabas finalizar el Tomo II de la serie de Problemas para Cuarto de Primaria.
Si quieres continuar practicando consulta en tu librería, en Amazon o en nuestra web:

www.proyectoaristoteles.com

www.ingramcontent.com/pod-product-compliance
Lightning Source LLC
LaVergne TN
LVHW011714230826
846091LV00015BA/4160

*9781495376337*